陳 聖 天

職人手作麵點

藍天
老師　陳聖天——著

序

傳承，是這世代最堅難的一項課題。

少子化的影響，改變了人們對於中式點心的美味文化認知與興趣。通常在生活中最不起眼且隨手可得的「麵食」，往往都是被忽略的食品，也讓人疏忽「麵食」要如何才能成為美味的佳餚。

點心手藝將近 30 年，這過程中包含了經歷最早期的外省文化，融入台灣人口味的轉變過程，這本書在這奇妙的時機點，傳承了古早味到現代口味的世代交替，轉換變成了合乎時代潮流的美味佳餚。

小時候，是以半工半讀為前提而接觸中式點心料理，進而開始認識了中式麵食的料理，隨著年齡的增長，進階的了解麵食文化、味道、做法，我就在這傳統與現代的火花中，深深的被「麵食」吸引著。

身為創意點心主廚的我，一開始會接觸到點心行業是因為工作，從中我慢慢對點心產生了追求，進而變成了興趣。因為堅持著一路追求、一匠一心，經歷了幾十年的文化創新，慢慢改變人們對中式點心的認識，也改變了許多傳統的做法跟古早味，也是因為過往以來的歷練，讓這些傳統得以保留。

現代人的點心因為創新而使得原本傳統的味道不見，本書講究的就是讓珍貴的文化口味留存下來，這也是我一路以來的堅持與不容妥協的純粹。

從工作變興趣、從堅持到傳統，也是目前最想帶給大家的初衷。

這本創作毫無保留，可以了解到『一匠一心、純粹傳統的味道』，這也是從業以來，除了在各大廚藝教室的教學外，我的一本真心作品。

陳聖天

一匠一心
純粹傳統

上課資訊

教室	電話	地址
丹雅的廚藝教室	0928-242-984	新北市板橋區民有街 24 號
樂點屋烘焙	02-2738-9088	台北市大安區臥龍街 1 號 4 樓
橘色餐桌廚藝教室	02-2827-0411	台北市北投區東華街一段 398 號 2 樓
best kitchen 體驗廚房	02-2760-9666	台北市松山區塔悠路 219 號 B1
樂朋烘焙教室	02-2368-9058	台北市大安區市民大道四段 68 巷 4 號
夢饗法國號 廚藝空間	0953-422-069	新北市新店區中正路 117 巷 1 號 1 樓
糖品屋烘焙手作坊	0956-120-520	桃園市平鎮區興華街 101 巷 12 弄 1 號
怡饈妮烘焙廚藝手作教室	0911-666-802	台中市北區東光路 252 號
一芝紅烘焙坊	0989-169-356	台南市永康區中山南路 792-1 號
烘焙灶咖 動手做甜點	07-553-5113	高雄市左營區明倫路 89-1 號

堅持、態度、執著

　　陳聖天點心主廚，有著大中華中式麵食點心近 30 年的從業資歷，精湛的麵點厚實底蘊之外，教學上還多了一份文人氣質！

　　從聖天老師身上
　　我看到的是一種「堅持」，堅持對產品的原味技巧呈現
　　我看到的是一種「負責的態度」，對於教學的分享不含糊
　　我看到的是一種「執著」，對於麵點文化傳承的心意

　　如同老師社群的自詡『一匠一心，純粹傳統』
　　鄭重推薦這本滿滿傳承意涵的好書！

怡饍妮技藝補習班 課程總監　高玉珍

歷久不衰的精緻中式麵點

在中式麵食學習的領域裡，我幸運的認識了陳聖天老師，這樣一位擁有一身好技術，卻總是謙虛又和善，上起課來井然有序，不急不徐，完全不藏私的將自己所擁有的技能與知識傳授給學生。

感謝老師願意無私的將他在業界累積數十年的寶貴經驗出版成書，清晰、有條理的讓更多人學習到中華文化歷久不衰的中式麵點。書中的每個配方都是老師用時間和汗水堆積出的珍寶，每一道產品都有著溫暖的故事。

這本書的誕生將是所有愛好中式麵點者的福音，相信您也會和我一樣，喜歡並珍藏這本來自陳聖天老師的中式麵點鉅作。

元培醫事科技大學餐飲管理系　劉婉真

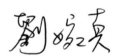

「以廚會友」、「以食養性」

　　由於個人從事餐飲服務業逾三十個年頭，而創立的「高萱食品」在餐飲業界提供各式食材服務，也超過十年了。

　　對於所接觸過的餐飲職人們，辛苦奮鬥的經歷也是點滴在心頭，當然好的料理，是需要好的食材與精進手藝的廚師，兩者缺一不可。而具有完整經歷與優異手藝歷練的廚師，可謂是餐飲業的菁英，若是要開班授課且要叫好又叫座，那可是少之又少的上上人選。

　　因為這樣的老師，除了要有精湛的技術，還須具備邏輯分明的思慮與清晰的口條，這可不是資深的廚師就能具備的條件，然而陳聖天老師（藍天老師）就是符合以上的優勢，還有一顆不藏私的開闊心胸，難怪會深受廣大學員的喜愛，其中不乏想要創業的學員，都可以學到老師的技藝，當成創業的利器。

　　如今陳聖天老師（藍天老師）出書，嘉惠對廚藝有興趣的學子，本人非常榮幸本著「以廚會友」、「以食養性」的精神，為老師寫推薦序，希望對廚藝有興趣的同好，皆可分享老師精湛的廚藝精髓。

高萱食品有限公司
橘色餐桌廚藝教室
Papalin 安心食材團購網創辦人　林守仁

林守仁

讓傳統能延續，傳承好味道

傳統能延續　傳承好味道

　　說起與老師的緣份，一開始是從臉書上得知，且烘友們大力推薦老師的酥皮類中式點心是超級無敵霹靂厲害；接著又因宮廷四小點中的驢打滾，可以冷藏五天還能保持柔軟綿密給吸引了，讓我報名上了這堂課，就這樣認識這位一直很努力要將中式點心傳承下去的老師。

　　在課堂上，老師的專業態度、流暢教學、詳細解說…再再突顯老師多年的豐富經驗及對傳統技法的堅持。課後在群組內也會有耐心且無私的一一回覆同學們操作時發生的問題。

　　中式點心蘊藏著深厚的中國文化，繁多的品項，因世代交替下已逐漸失傳。不容易吃到簡單、富有層次，讓人懷念的味道。很開心老師能出書，將一道道傳統中式點心詳細載明，讓傳統能延續，傳承好味道。

best kitchen 體驗廚房　黃沛涔

一種不私藏的文化傳承

首先恭喜聖天老師出書了，這是一個非常棒的里程碑！

裡面包含著傳統的中華點心融入台灣社會過程的轉變與文化口味，與其說是一本食譜書，不如說是一種不私藏的文化傳承。

很榮幸能夠與聖天老師一同參與這本書的拍攝與製作過程，每道料理從食材比例到製作過程，非常詳細沒有一點含糊，相信大家也曾經翻閱過或是購買過類似的料理書，不知道大家有沒有發現，許多的料理書的食材比例與製作過程，非常大略沒什麼內容，突然這道菜就完成了，導致所買的料理書就真的只是書而已，真的要做的時候才發現，看了好像又哪裡沒看懂一樣。

但這本老師的料理書完全不一樣，為什麼我稱它為料理書，而不是簡單的食譜，因為每道料理都能直接做出老師完美的風味，更重要的是每道料理都有屬於它自己的故事與味道，相信購買這本書的你，不但能從中感受到聖天老師的「點心職人魂！」更能感受到老師對於麵點深深的熱情，也希望把好的味道傳承給大家。

創意點心主廚　游瑋傑

PART 1

PART 2

PART 1

餃類

古早味的傳承，不簡單的口味
麵粉香的外衣搭上鮮嫩多汁的肉餡
變化多端的味道，水餃、煎餃、蒸餃、鍋貼
純粹的味道卻有許多不同的面相
這就是「餃」的魅力所在

No.01

外省水餃皮

🥢 份量：約 88 顆

👄 每一張皮約 10 公克

材料（公克）	中筋麵粉	450
	高筋麵粉	150
	常温水 （視麵粉品質，可調整約 280 〜 295 公克之間）	290
	鹽（可不加）	1

作法

1 中筋麵粉、高筋麵粉、鹽攪拌均勻,加入常温水。

2 使用筷子或攪拌棍,轉圈攪拌成片絮狀。

3 用手翻面揉壓方式,反覆攪拌至沒有乾粉狀成團,醒麵鬆弛10分鐘。

4 再一次翻面,整形四個面,再鬆弛 5 分鐘。

5 分割每個約 10 公克。

6 擀成約 6.5 公分圓片狀。

韭菜水餃

🍚 份量：約 85 顆

👄 每顆：約 30 公克

材料（公克）

水餃皮

外省水餃皮	85 張

（也可使用市售水餃皮）

肉餡 / 每顆 20 公克

細絞胛心肉	600
細絞豬中油	200
韭菜	600
薑水	150

（薑末 35 公克
＋ 水 115 公克混合拌勻）

鹽巴	6
味精	13
雞粉	8
醬油	43
醬油膏	13
白胡椒粉	2
米酒	10
香油	25

▼ 聖天老師小叮嚀

1. 現包水餃滾水煮約 3：30 ～ 4：00 分鐘，中間煮到 2 分鐘時加一次水。

2. 冷凍水餃滾水煮約 6：30 ～ 7：00 分鐘，中間每 2 分鐘要加一次水，共 2 次。

3. 建議豬肉可使用台灣黑毛豬肉製作。

4. 建議韭菜可使用客家小韭菜。

1 溫體豬肉買回來，需先冷藏 30 分鐘後再開始製作。

2 細絞胛肉先揉壓至產生黏性。

3 加入薑水。

4 攪拌均勻。

5 加入鹽、味精、雞粉。

6 加入醬油、醬油膏、白胡椒粉、米酒。

7 攪拌均勻。

8 加入細絞豬中油、香油。

9 攪拌均勻。

10 加入韭菜，稍微拌勻，冷藏 10
分鐘。

11 取一水餃皮，包入肉餡 20 公克。

12 收口捏緊，下滾水煮熟即完成。

韭黃蝦仁水餃

🍚 份量：約 88 顆

👄 每顆：約 30 公克

水餃皮

外省水餃皮	88 張

（也可使用市售水餃皮）

肉餡／每顆 20 公克

細絞後腿肉	600
細絞豬中油	300
蔥薑水	130

（蔥末 10 公克 ＋ 薑末 40 公克
＋ 水 80 公克混合拌勻）

鹽	5
味精	20
雞粉	8
醬油	40
白胡椒粉	2
米酒	10
香油	40
韭黃（切小丁）	300
蝦仁（切丁）	300

▼ 聖天老師小叮嚀

1. 現包水餃滾水煮約 3：30 ～ 4：00 分鐘，中間煮到 2 分鐘時加一次水。

2. 冷凍水餃滾水煮約 6：30 ～ 7：00 分鐘，每 2 分鐘要加一次水，共 2 次。

3. 建議豬肉可使用台灣黑毛豬肉製作。

1 温體豬肉買回來,需先冷藏 30 分鐘後再開始製作。

2 細絞後腿肉先揉壓至產生黏性。

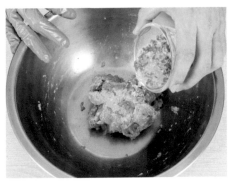

3 加入蔥薑水。

4 攪拌均勻。

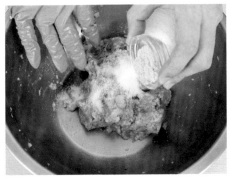

5 加入鹽、味精、雞粉。

6 加入醬油、白胡椒粉、米酒。

7 攪拌均勻。

8 加入細絞豬中油、香油。

9 攪拌均勻。

10 加入韭黃、蝦仁丁,稍微拌勻, 冷藏 10 分鐘。

11 取一水餃皮,包入肉餡 20 公克。

12 收口捏緊,下滾水煮熟即可。

高麗菜水餃

🍚 份量：約 72 顆

👄 每顆：約 30 公克

材料（公克）

水餃皮

外省水餃皮	72 張
（也可使用市售水餃皮）	

肉餡 / 每顆 20 公克

細絞胛心肉	450
細絞豬中油	150
高麗菜	600
蔥花	40
薑水	110
（薑末 30 公克 ＋ 水 80 公克混合拌勻）	
鹽	5
味精	18
醬油	37
醬油膏	18
白胡椒粉	2
米酒	10
香油	20

▼ 聖天老師小叮嚀

1. 現包水餃滾水煮約 3：30 ～ 4：00 分鐘，中間煮到 2 分鐘時加一次水。

2. 冷凍水餃滾水煮約 6：30 ～ 7：00 分鐘，每 2 分鐘要加一次水，共 2 次。

3. 建議豬肉可使用台灣黑毛豬肉製作。

4. 建議高麗菜可使用高山初秋。

5. 建議蔥花可使用宜蘭三星蔥。

1 溫體豬肉買回來,需先冷藏 30 分鐘後再開始製作。

2 細絞胛肉先揉壓至產生黏性。

3 加入薑水。

4 攪拌均勻。

5 加入鹽、味精、醬油、醬油膏。

6 加入白胡椒粉、米酒。

7 攪拌均勻。

8 加入細絞豬中油、香油，攪拌均勻。

9 加入高麗菜、蔥花。

10 稍微拌勻，冷藏 10 分鐘。

11 取一水餃皮，包入肉餡 20 公克。

12 收口捏緊，下滾水煮熟即完成。

老上海三鮮水餃

🥟 **份量：約 100 顆**　　👄 **每顆：約 30 公克**

材料（公克）

水餃皮

外省水餃皮 （也可使用市售水餃皮）	100 張

肉餡／每顆 20 公克

細絞後腿肉	600
細絞豬中油	300
海參（去腸泥切丁）	250
蝦仁（切丁）	600
蔥花	20
蔥薑水 （蔥末 10 公克＋薑末 40 公克 ＋水 80 公克混合拌勻）	130
鹽	5
味精	20
醬油	30
蠔油	15
雞粉	8
白胡椒粉	2
米酒	10
香油	40

▼ 聖天老師小叮嚀

1. 現包水餃滾水煮約 3：30 ～ 4：00 分鐘，中間煮到 2 分鐘時加一次水。

2. 冷凍水餃滾水煮約 6：30 ～ 7：00 分鐘，每 2 分鐘要加一次水，共 2 次。

3. 建議豬肉可使用台灣黑毛豬肉製作。

1 溫體豬肉買回來，需先冷藏 30 分鐘後再開始製作。

2 細絞後腿肉先揉壓至產生黏性。

3 加入蔥薑水。

4 攪拌均勻。

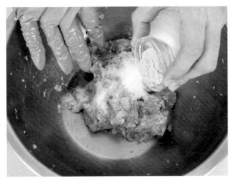

5 加入鹽、味精、雞粉。

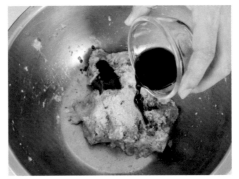

6 加入醬油、蠔油、白胡椒粉、米酒。

7 攪拌均勻。

8 加入細絞豬中油、香油。

9 攪拌均勻。

10 加入海參丁、蝦仁丁、蔥花，稍微拌勻，冷藏 10 分鐘。

11 取一水餃皮，包入肉餡 20 公克。

12 收口捏緊，下滾水煮熟即完成。

冰花煎餃水

● 份量：約 650 公克

材料（公克）		
中筋麵粉		35
白醋		10
香油		25
水		600

作法

1 所有材料拌勻,靜置 10 分鐘。

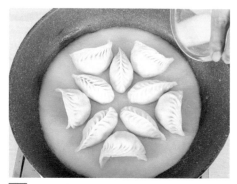

2 取一鍋子,放入煎餃,倒入冰花煎餃水,約煎餃 1/4 的高度。

3 小火煮到水冒泡。

4 加蓋計時 6 分鐘。

5 開蓋,加入少許香油(材料外)提香味。

6 煎至水乾餅皮金黃即可起鍋。

燙麵蒸餃皮

🥣 份量：約 75 顆

🥟 每一張皮約 13 公克

材料（公克）		
	中筋麵粉	600
	太白粉	20
	沙拉油	15
	鹽	2
	熱水（約 95℃）	340

作法

1 中筋麵粉、太白粉、沙拉油、鹽攪拌均勻，分次加入滾水。

2 使用筷子或攪拌棍，轉圈攪拌成片絮狀。

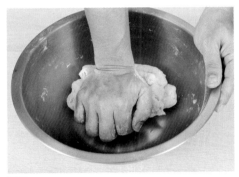

3 用手翻面揉壓方式，反覆攪拌至沒有乾粉狀成團，裝袋後醒麵鬆弛 10 分鐘。

4 再一次翻面，摺疊揉捏的方式，整形四個面，再鬆弛 5 分鐘。

5 分割每個約 13 公克。

6 擀成 7 ～ 11 公分圓片狀，完成。

韭黃鍋貼

份量：約 60 顆

每顆：約 38 〜 43 公克

材料（公克）

蒸餃皮

燙麵蒸餃皮	60 張

肉餡 / 每顆 25 〜 30 公克

細絞後腿肉	600
細絞豬中油	300
蔥薑水 （蔥末 20 公克＋薑末 50 公克 ＋水 80 公克混合拌勻）	150
鹽	2
味精	20
雞粉	8
醬油	40
白胡椒粉	2
米酒	10
香油	40
韭黃（切小丁）	300

▼ 聖天老師小叮嚀

1. 建議豬肉可使用台灣黑毛豬肉製作。

1 温體豬肉買回來，需先冷藏 30 分鐘後再開始製作。

2 細絞後腿肉先揉壓至產生黏性。

3 加入蔥薑水。

4 攪拌均勻。

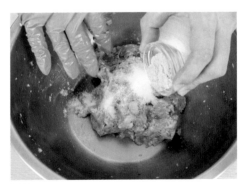

5 加入鹽、味精、雞粉。

6 加入醬油、白胡椒粉、米酒。

7 攪拌均勻。

8 加入細絞豬中油、香油。

9 攪拌均勻。

10 加入韭黃，稍微拌勻，冷藏 10 分鐘。

11 取一蒸餃皮，包入肉餡 25 ～ 30 公克。

12 收口捏緊，使用冰花煎餃水煎製，參考 P.32 煎法。

三鮮鍋貼

🥟 份量：約 80 顆

👄 每顆：約 38 公克

材料（公克）

蒸餃皮

燙麵蒸餃皮	80 張

肉餡／每顆 25 公克

細絞後腿肉	600
細絞豬中油	300
海參（去腸泥切丁）	250
蝦仁（切丁）	600
蔥花	20
蔥薑水 （蔥末 10 公克 ＋ 薑末 40 公克 ＋ 水 80 公克混合拌勻）	130
鹽	5
味精	20
雞粉	8
醬油	30
蠔油	15
白胡椒粉	2
米酒	10
香油	40

▼ 聖天老師小叮嚀

1. 建議豬肉可使用台灣黑毛豬肉製作。

1 溫體豬肉買回來，需先冷藏 30 分鐘後再開始製作。

2 細絞後腿肉先揉壓至產生黏性。

3 加入蔥薑水。

4 攪拌均勻。

5 加入鹽、味精、雞粉。

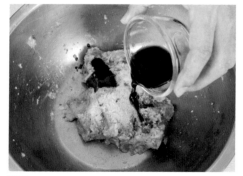

6 加入醬油、蠔油、白胡椒粉、米酒。

7 攪拌均勻。

8 加入細絞豬中油、香油。

9 攪拌均勻。

10 加入海參丁、蝦仁丁、蔥花，
稍微拌勻，冷藏 10 分鐘。

11 取一蒸餃皮，包入肉餡 25 公克。

12 收口捏緊，使用冰花煎餃水煎
製，參考 P.32 煎法。

蔥香豬肉蒸餃

🥟 份量：約 70 顆

👄 每顆：約 38 公克

材料（公克）

蒸餃皮

燙麵蒸餃皮	70 張

肉餡 / 每顆 20 公克

細絞後腿肉	600
細絞豬中油	300
蔥薑水 （蔥末 20 公克＋薑末 50 公克 ＋水 80 公克混合拌勻）	150
鹽	5
味精	20
雞粉	8
醬油	40
白胡椒粉	2
米酒	10
香油	40
蔥花	300

▼ 聖天老師小叮嚀

1. 冷凍狀態，大火蒸製約 7 分鐘。
2. 建議豬肉可使用台灣黑毛豬肉製作。

1 溫體豬肉買回來,需先冷藏 30 分鐘後再開始製作。

2 細絞後腿肉先揉壓至產生黏性。

3 加入蔥薑水。

4 攪拌均勻。

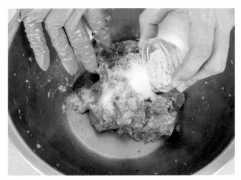

5 加入鹽、味精、雞粉。

6 加入醬油、白胡椒粉、米酒。

7 攪拌均勻。

8 加入細絞豬中油、香油。

9 攪拌均勻。

10 加入蔥花,稍微拌勻,冷藏 10 分鐘。

11 取一蒸餃皮,包入肉餡 20 公克。

12 收口捏緊成型,大火蒸 5 分鐘。

蝦仁鮮燒賣

份量：約 70 顆

每顆：約 38 公克

材料（公克）

蒸餃皮

燙麵蒸餃皮	70 張

肉餡／每份 25 公克

細絞梅花肉	600
薑泥	40
水	100
鹽	3
味精	12
蠔油	35
醬油	35
細絞豬中油	200
香油	50
玉米粉	25
太白粉	25
蔥花	50
香菜碎	50
香菇末	50
整隻小蝦仁	500

1 溫體豬肉買回來，需先冷藏 30 分鐘後再開始製作。

2 細絞梅花肉先揉壓至產生黏性，加入薑泥攪拌均勻。

3 加入水、鹽、味精、蠔油、醬油，攪拌均勻。

4 加入細絞豬中油、香油，攪拌均勻。

5 加入玉米粉、太白粉。

6 攪拌均勻。

7 加入蔥花、香菜碎、香菇末，稍微拌勻，冷藏 10 分鐘。

8 取一蒸餃皮，包入肉餡 25 公克。

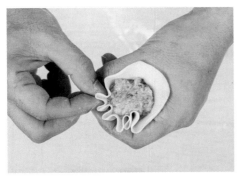

9 用虎口擠壓成圓形，再用拇指與食指沿著邊緣捏出皺褶。

10 使用餡挑將餡料壓平。

11 取一隻小蝦仁放在最上面，輕壓定型。

12 放入蒸籠，大火蒸 5 分鐘。

PART 2

小 點

茶餘飯後或是消夜早餐
每一個品項都是絕佳的選擇
一匠一心
用最傳統的手藝做出佳餚
在麵食的世界中帶給大家最珍貴的味道

No.12

韭菜盒子

🥣 份量：12個

<table>
<tr><td rowspan="3">材料（公克）</td><td colspan="2">

麵皮 / 每個30公克、約可製作12個
</td></tr>
<tr><td>中筋麵粉</td><td>200</td></tr>
<tr><td>鹽</td><td>1</td></tr>
</table>

沙拉油	5
滾水	115

內餡 / 每個50公克

韭菜（切丁）	600
粉絲或冬粉	2捆
乾蝦皮	16
雞蛋（打散成蛋液）	4顆
鹽	12
味精	24
香油	60
白胡椒粉	6
黑胡椒粒	6

▼ 聖天老師小叮嚀

1. 包餡時，切除下來麵皮，可再重複製作，約可製作12顆。

| 麵皮 |

1 中筋麵粉、鹽、沙拉油混合拌匀，加入滾水。

2 使用筷子或攪拌棍，轉圈攪拌成片絮狀。

3 用手翻面揉壓方式，反覆攪拌至沒有乾粉狀成團。

4 醒麵鬆弛 10 分鐘，再一次翻面，摺疊揉捏的方式。

5 整形四個面，再鬆弛 5 分鐘（使用保鮮膜包著，避免水份流失）。

6 放涼，分割每個 30 公克，擀開成圓片狀。

內餡

7 平底鍋中加入香油加熱，放入乾蝦皮炒香。

8 加入蛋液。

9 炒乾後取出，放涼。

10 加入鹽、味精、白胡椒粉、黑胡椒粒拌勻。

組合

11 加入粉絲或冬粉、韭菜拌勻。

12 取一張皮，放入餡料 50 公克。

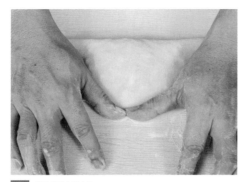

13 對折折起。

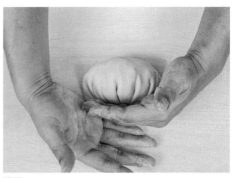

14 用手壓緊實。

15 再將餅皮壓緊。

16 使用碗或鍋子，沿著邊緣壓過去，去除多餘的皮，這樣就可以確實收口。

17 確認收口壓緊，才不會露餡。

18 取平底鍋，放入一點沙拉油，小火慢煎至兩面金黃即完成。

No.13

北平小米粥

🍚 **份量：10人份**

材料（公克）		
	白米	50
	圓糯米	75
	糯小米	100
	碎玉米	120
	水	2500c.c.

1 白米、圓糯米，混合。

2 加水至淹過，浸泡半小時。

3 小米、碎玉米，混合。

4 加水至淹過，浸泡 4 小時。

5 以上食材浸泡完成後，洗淨。

6 放入鍋中，加入水。

7 開中火煮滾。

8 滾後,轉小火。

9 熬煮 20 分鐘至半小時。

10 煮好會呈現濃稠狀。

11 吃之前可以加些細砂糖。

奶香烙餅

🥣 份量：6 張

🫓 麵團重量：150 公克

材料（公克）		
	中筋麵粉	500
	冷水	280
	無鹽奶油	100
	乳瑪琳	30
	鹽	適量

作法

1 無鹽奶油、乳瑪琳，先放置室溫軟化。

2 中筋麵粉加冷水。

3 攪拌均勻。

4 揉至光滑，醒麵鬆弛 15 分鐘。

5 整形成長方形。

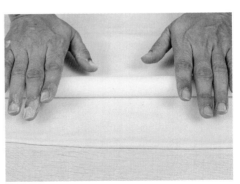

6 擀至厚度約 0.5 公分。

7 在麵皮上均勻撒上適量鹽。

8 再均勻抹上軟化的油。

9 撒上少許中筋麵粉（材料外）。

10 捲起，放置鬆弛 20 分鐘。

11 將麵團輕輕拉長，鬆弛 5 分鐘。

12 從其中一邊，邊揉邊搓成細條狀，鬆弛 2 ～ 3 分鐘。

13 慢慢捲起成蝸牛狀。

14 捲好後每個約 150 公克，放置冷藏 2 小時。

15 取出後，擀成約 1 公分厚餅狀。

16 小火慢慢煎至金黃酥脆。

17 趁熱先輕輕拍打。

18 再用擠壓的方式弄成絲狀。

北方烙餅

🍚 份量：6 張

🍘 麵團重量：150 公克

材料（公克）		
	中筋麵粉	500
	冷水	280
	烘焙用豬油	150
	鹽	適量
	生白芝麻	適量

作法

1 烘焙用豬油，先放置室溫軟化。

2 中筋麵粉加冷水，攪拌均勻。

3 揉至光滑，醒麵鬆弛 15 分鐘。

4 整形成長方形 50×25 公分。

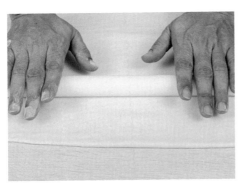

5 擀至厚度約 0.5 公分。

6 在麵皮上均勻撒上適量鹽。

7 均勻抹上軟化的豬油。

8 在麵皮上均勻撒上白芝麻。

9 撒上少許中筋麵粉（材料外）。

10 捲起，放置鬆弛 20 分鐘。

11 將整條麵團輕輕拉長，鬆弛 5 分鐘。

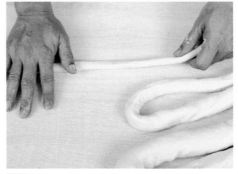

12 從其中一邊，邊揉邊搓成細條狀，鬆弛 2 ～ 3 分鐘。

13 慢慢捲起成蝸牛狀。

14 捲好後每個約 150 公克，放置冷藏 2 小時。

15 取出後，擀成約 1 公分厚餅狀。

16 小火慢慢煎至金黃酥脆。

17 趁熱先輕輕拍打。

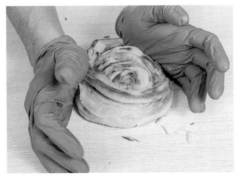

18 再用擠壓的方式弄成絲狀。

古早味蛋餅

🍚 份量：12 張

材料（公克）	餅皮／每個約40公克、共12張	
	中筋麵粉	300
	沙拉油	50
	熱水	100
	冷水	60
	蔥蛋	
	雞蛋	6顆
	蔥花	60
	鹽	少許

1 中筋麵粉、沙拉油攪拌均勻。

2 加入熱水燙麵。

3 攪拌成片絮狀,加入冷水,攪拌成團。

4 麵團切割每個 40 公克。

5 整圓,擀成薄片。

6 雞蛋打散,加入蔥花、鹽,攪拌均勻。

7 熱鍋，放入餅皮。

8 煎至一面金黃色。

9 加入蔥蛋液。

10 煎至蔥蛋底部半熟，將餅皮金黃面蓋上生蔥蛋液。

11 煎至金黃後，翻面繼續煎至另一面金黃色。

12 將蛋餅捲起。

No.17

古早味餛飩

🍜 份量：50 個

材料（公克）

餛飩皮

市售餛飩皮（9×9公分） 1台斤

肉餡 / 每顆 12 公克

絞梅花肉	300
薑末	30
鹽	5
味精	12
蠔油	18
黑胡椒粒	3
白胡椒粉	3
絞豬肥中油	150
香油	37
豬油油蔥酥	80
香菜碎	40
蔥白末	20

▼ 聖天老師小叮嚀

1. 取一鍋清水，煮滾後放入餛飩，煮 2 分鐘盛起，加入芹菜末、油蔥酥、蔥花、香油，即可食用。

1 溫體豬肉買回來，需先冷藏 30 分鐘後再開始製作。

2 絞梅花肉先揉壓至產生黏性，加入薑末，攪拌均勻。

3 加入鹽、味精、蠔油。

4 加入黑胡椒粒、白胡椒粉攪拌均勻。

5 加入絞豬肥中油、香油、豬油油蔥酥，攪拌均勻。

6 加入香菜末、蔥白末，稍微拌勻，冷藏 10 分鐘。

7 取一餛飩皮，包入肉餡 12 公克。

8 皮上沾上水。

9 對折折起。

10 兩角再沾上水。

11 將兩角黏起。

12 完成。

古早味辣椒醬

🍚 份量：4 罐／190㎖ 玻璃罐

🍚 保存期限：冷藏可放 6 個月

材料（公克）		
蒜泥		150
辣椒末		300
豆豉		37
鹽		15
細砂糖		24
香油		375
黑麻油		37

1 取 1/3 香油，加熱至 120℃。

2 放入豆豉炒香。

3 加入蒜泥，加熱至 100℃。

4 加入剩餘香油、黑麻油。

5 續加熱至 100℃。

6 加入辣椒末。

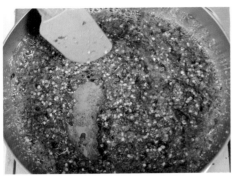

7 再次加熱至 100℃。

8 加入鹽、細砂糖。

9 小火熬煮 5 分鐘。

10 攪拌均勻，確實熬煮至水分都煮掉。

11 裝入已消毒好的罐子中。

12 蓋上蓋子，倒著放，放涼即可。

No.19

萬用醬油膏

🥣 份量：約 400 公克

🍲 保存期限：冷藏可放 1 個月

材料（公克）		
醬油膏		190
飲用水		105
細砂糖		38
蒜泥		18
香菜葉		4
豬油油蔥酥		60

作法

1 飲用水加細砂糖攪拌至溶解。

2 加入其餘食材。

3 攪拌均勻。

No.20

古早味酸辣湯

🥣 份量：10 人份

材料（公克）		
金針菇（去尾）	100
紅蘿蔔絲	130
黑木耳絲	80
雞汁	20
肉絲	200
鴨血	1 塊
鹽	5
味精	15
醬油	95
白胡椒粉	15
黑醋	130
白醋	50
香油	40
中華豆腐（切條）	1 盒
雞蛋（打散成蛋液）	4 顆
水	3000 c.c.
勾芡水	35
蔥花	適量

1 肉絲加入太白粉 10 公克、香油 10 公克，抓拌均勻，備用。

2 鴨血切絲加入少許米酒。

3 將切絲鴨血放入滾水中汆燙 10 秒，撈起瀝水。

4 把鹽、味精、醬油、白胡椒粉、黑醋混合攪拌均勻。

5 取一鍋，放入水、金針菇、黑木耳絲、紅蘿蔔絲。

6 再放入雞汁，煮滾。

7 水滾後,加入肉絲、鴨血、拌勻的調味料,攪拌均勻。

8 水滾後加入勾芡水,再次煮滾後熄火。

9 慢慢倒入蛋液攪拌成蛋花。

10 加入白醋、香油。

11 加入切條的豆腐拌勻。

12 撒上蔥花。

No.21

北京蔥油餅

🥣 份量：4個

🍳 每個約 180 公克

材料（公克）	餅皮／每個約 120 公克、共 4 張	
	中筋麵粉	300
	沙拉油	50
	熱水	60
	冷水	100

蔥花餡

蔥花	200
豬中油	25
鹽	2.5
味精	3.5
白胡椒粉	0.5
黑胡椒粒	1.5
香油	10

1 中筋麵粉、沙拉油攪拌均勻。

2 加入熱水燙麵。

3 將麵粉打散後,加入冷水,攪拌成團。

4 蔥花餡所有材料混合拌勻。

5 麵團切割每個 120 公克,整圓,擀成長方形薄片。

6 均勻放上蔥花餡 60 公克。

7 將兩邊折起。

8 再對折。

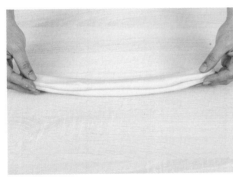

9 稍微拉長後，鬆弛 1 分鐘。

10 捲成蝸牛狀，放置冷藏 2 小時。

11 取出，輕壓。

12 放入煎鍋煎至兩面金黃膨起。

No.22

上海炸春捲

🍚 份量：30 條

材料（公克）

春捲皮

市售春捲皮	1 斤

內餡 / 每個約 50 公克

大白菜絲	600
韭黃	150
肉絲	150
蝦仁	150
泡發香菇絲 （乾香菇泡水、切絲）	100
紅蘿蔔絲	100
鹽	4
味精	5
白胡椒粉	2
香油①	40
香油②	25

太白粉水 / 材料混合備用

太白粉	10
水	25

麵糊 / 材料混合備用

中筋麵粉	80
水	120

1 肉絲加入太白粉 10 公克、香油 20 公克，抓拌均勻，備用。

2 起一油鍋，加熱至 140℃，放入 肉絲，拉油 20 秒，撈起瀝油。

3 另起一鍋，放入 40 公克香油， 加入香菇絲炒香。

4 加入蝦仁、肉絲、韭黃、紅蘿 蔔絲拌炒均勻。

5 加入鹽、味精、白胡椒粉、香 油，拌炒均勻，加入大白菜絲。

6 炒至大白菜絲軟化。

7 加入太白粉水勾芡，取出，放涼備用。

8 取一春捲皮，放入內餡50公克。

9 捲起。

10 左右折起。

11 往前捲起，前方預留約1指，抹上麵糊黏起。

12 起一油鍋120℃，下鍋油炸，全程中火，待浮起，炸至酥脆。

No.23

福州胡椒餅

96

份量：4顆　　每顆：約135公克　　上下火200℃

<table>
<tr><td rowspan="6">材料（公克）</td><td colspan="2">油皮 / 每個 57 公克</td><td colspan="2">內餡 / 每個約 45 公克</td></tr>
<tr><td>中筋麵粉</td><td>140</td><td>豬後腿肉（切條）</td><td>125</td></tr>
<tr><td>細砂糖</td><td>10</td><td>絞生豬油</td><td>40</td></tr>
<tr><td>即融酵母</td><td>1.5</td><td>鹽</td><td>1</td></tr>
<tr><td>豬油或沙拉油</td><td>10</td><td>二砂糖或細砂糖</td><td>3</td></tr>
<tr><td>水</td><td>70</td><td>醬油</td><td>12</td></tr>
</table>

油皮 / 每個 57 公克

中筋麵粉	140
細砂糖	10
即融酵母	1.5
豬油或沙拉油	10
水	70

油酥 / 每個 19 公克

低筋麵粉	51
豬油	25

內餡 / 每個約 45 公克

豬後腿肉（切條）	125
絞生豬油	40
鹽	1
二砂糖或細砂糖	3
醬油	12
米酒	2.5
白胡椒粉	0.5
黑胡椒粒	3
五香粉	0.5
花椒粉	0.3
香油	10
蔥花	60

裝飾

生白芝麻	適量
蛋黃（打散成蛋黃液）	2 顆

作法

1 油皮所有材料攪拌均勻。

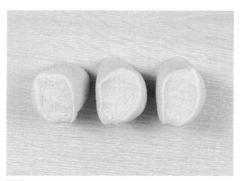

2 分割每個 57 公克，共 4 個。

3 油酥所有材料攪拌均勻。

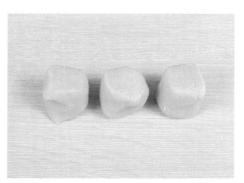

4 分割每個 19 公克，共 4 個。

5 內餡所有材料，除了蔥花，全部攪拌均勻。

6 冷藏一個晚上備用。

7 取一油皮擀開，包入油酥。

8 輕壓扁，擀長，捲起，鬆弛 2 分鐘。

9 再輕壓扁，收口朝上擀長，折三折，鬆弛 5 分鐘。

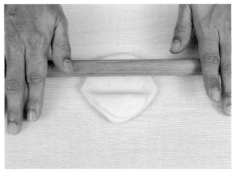

10 鬆弛完成，取一個，左右對角擀開。

11 反覆擀成圓片狀。

12 包入內餡每個 45 公克。

13 再包入 15 公克蔥花。

14 包起整形收圓。

15 表面刷上蛋黃液。

16 沾上生白芝麻。

17 放在烤盤上，靜置 5 分鐘。

18 放入烤箱，上下火 200℃，烤 12 分鐘，取出調轉方向，續烤 4 分鐘。

上海蟹殼黃

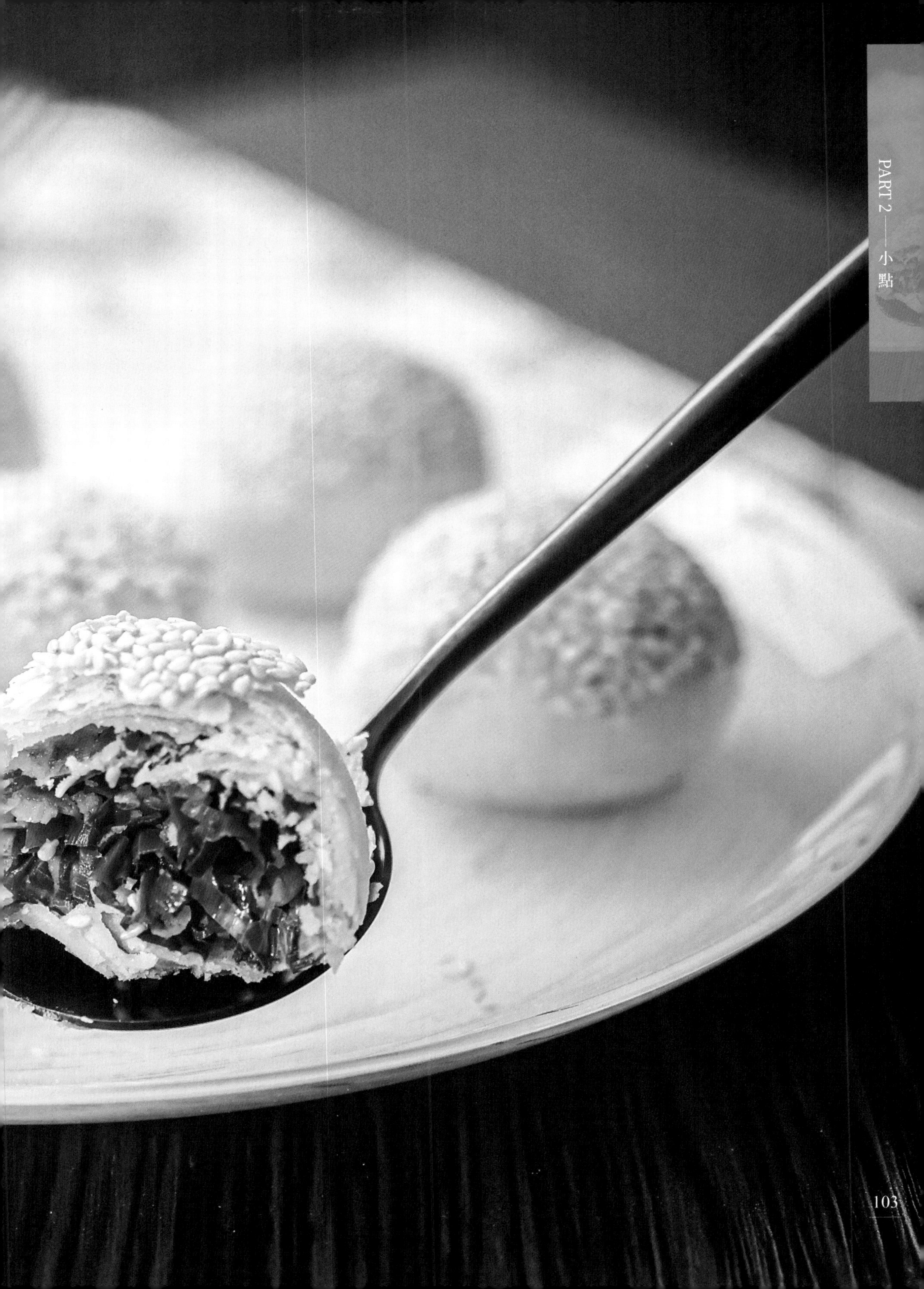

🥣 份量：10 顆　　🍘 每顆：約 55 公克　　🧤 烤箱預熱上下火 200℃

材料（公克）

油皮 / 每個 20 公克
中筋麵粉	65
低筋麵粉	45
細砂糖	15
豬油	15
冷水	60

油酥 / 每個 15 公克
低筋麵粉	100
豬油	50

內餡 / 每份約 19 公克
蔥花	140
細絞豬中油	25
細絞肉	15
鹽	2.5
味精	2.5
白胡椒粉	0.5
香油	10

糖水 / 材料混合備用
白麥芽	10
水	10

裝飾
生白芝麻	適量

作法

1 油皮所有材料攪拌均勻。

2 分割每個 20 公克,共 10 個,備用。

3 油酥所有材料攪拌均勻。

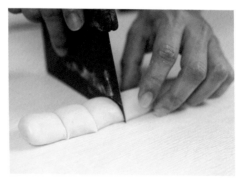

4 分割每個 15 公克,共 10 個,備用。

5 內餡所有材料,除了蔥花,全部攪拌均勻。

6 再加入蔥花,稍微拌勻,備用。

7 取一油皮擀開，包入油酥。

8 輕壓扁，擀長，捲起，鬆弛 2 分鐘。

9 再輕壓扁，收口朝上擀長，折三折，鬆弛 5 分鐘。

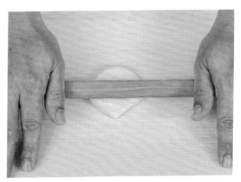

10 鬆弛完成，取一個，左右對角擀開。

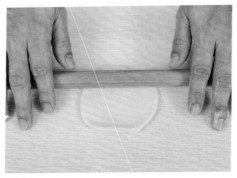

11 反覆擀成圓片狀。

12 包入內餡每個 19 公克。

13 包起整形收圓。

14 表面反覆刷上糖水。

15 需呈現濕黏狀態。

16 沾上生白芝麻。

17 放在烤盤上。

18 放入烤箱，上下火 200℃，烤 16 分鐘。

PART 3

老麵

穀物中最天然的香味
純樸的方法製作出最具麵香的味道
堅持的傳統與創新的想法
碰撞出麵食的絕妙美味

老麵製作

🥣 份量：約 150 公克

材料（公克）		
中筋麵粉		100
細砂糖		10
即溶酵母		1
沙拉油或豬油		2
水		50

作法

1 即溶酵母、細砂糖加入水混合拌勻。

2 酵母水加入沙拉油、中筋麵粉,攪拌成團。

3 室溫發酵 30 分鐘,冷藏 10 小時即可使用。

▼ 聖天老師小叮嚀

1. 需於在冷藏後的 16 個小時內使用完畢。

2. 使用期間未使用完畢時,需冰回冷藏備用。

3. 使用前不需退冰。

4. 十六個小時後未使用完畢的老麵已過發酵的力道,未使用完畢即可丟棄。

上海生煎包

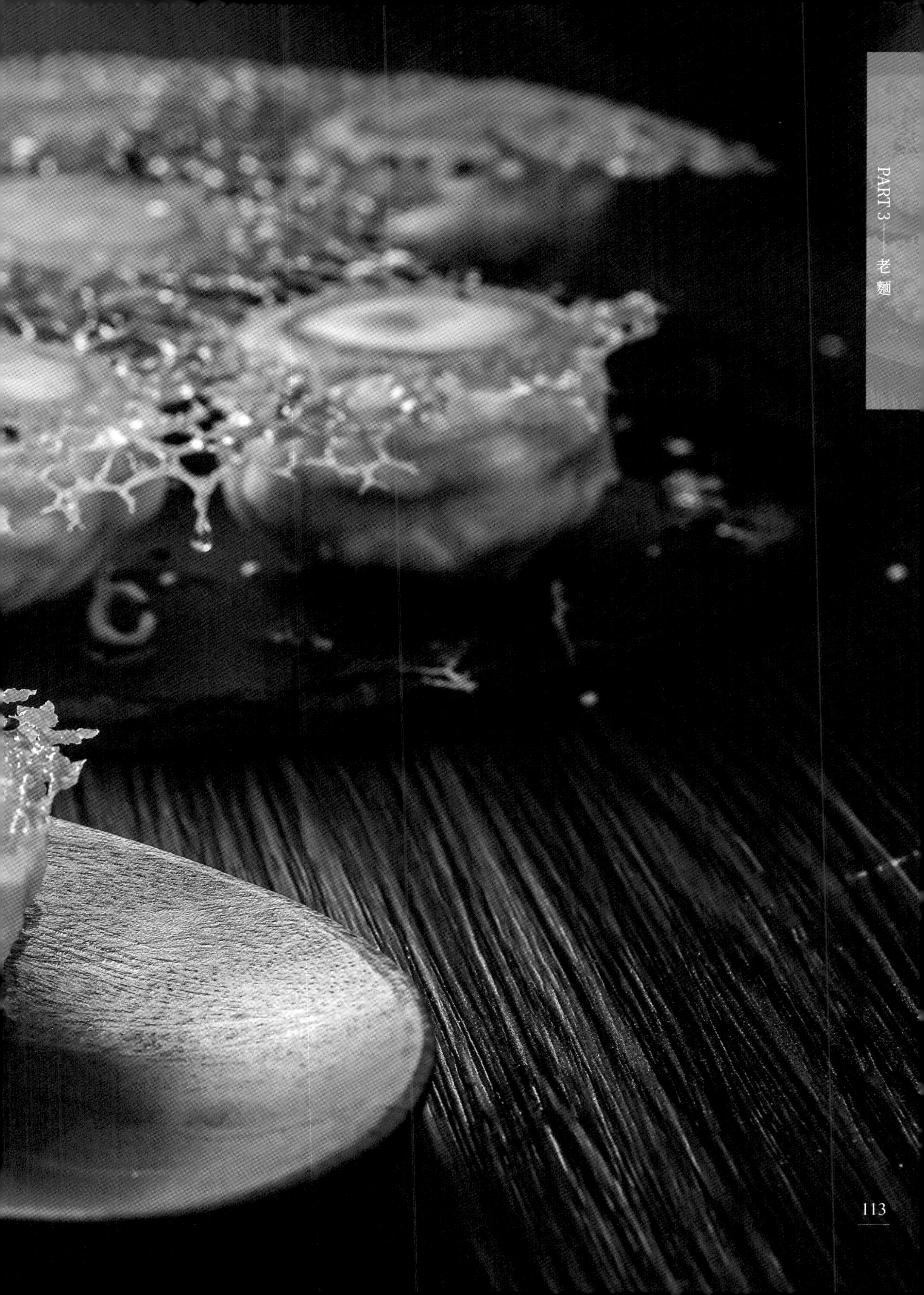

份量：約 20 顆　　　每顆：約 55 公克

材料（公克）

麵皮 / 每個 30 公克

老麵	60
中筋麵粉	280
低筋麵粉	70
細砂糖	30
酵母	3.5
蛋白	半顆
豬油	10
冷水	180

內餡 / 每份約 25 公克

細絞後腿肉	150
細絞豬中油	150
高麗菜	300
蔥花	18
薑水 (老薑末 13 公克 ＋水 37 公克混合拌勻)	50
鹽	2.5
味精	9
蠔油	9
醬油	18
米酒	5
白胡椒粉	1
香油	10

裝飾

熟白芝麻	適量
熟黑芝麻	適量
蔥花	適量
香油	適量

作法

麵皮

1 冷水加入細砂糖、酵母，攪拌均勻。

2 加入撕小塊老麵、中筋麵粉、低筋麵粉。

3 加入蛋白、豬油。

4 攪拌至成團。

5 分割每個 30 公克。

6 擀成直徑約 9 公分麵皮，備用。

7 細絞後腿肉先揉壓至產生黏性，加入薑水，攪拌均勻。

8 加入鹽、味精、蠔油、醬油、米酒、白胡椒粉攪拌均勻。

9 加入細絞豬中油、香油，攪拌均勻。

10 加入高麗菜、蔥花，稍微拌勻，冷藏 10 分鐘，備用。

組合

11 取一麵皮，包入內餡，每個 25 公克。

12 收口收緊，捏出紋路，靜置 10 分鐘。

13 取一平底鍋預熱，加入沙拉油，平均間隔約 2 公分放入一顆生煎包。

14 加入 P.32 冰花煎餃水淹至生煎包 1/4 高度。

15 小火待水起泡。

16 蓋上鍋蓋，計時 6 分鐘。

17 開蓋後，撒上蔥花、黑白芝麻、香油提味。

18 待水收乾成餅皮，即可起鍋。

香蔥銀絲花卷

🍚 **份量：12 顆**

材料（公克）	麵皮		內餡	
	老麵	120	鹽	適量
	中筋麵粉	680	五香粉	適量
	細砂糖	55	椒鹽粉	適量
	即溶酵母	5.5	火腿末	2 片
	鹽	2	蔥花	70
	水	340	小蘇打粉	0.5
	沙拉油	10	豬油	180

麵皮

`1` 水加入細砂糖、酵母。

`2` 攪拌均勻。

`3` 加入撕小塊老麵、中筋麵粉、鹽、沙拉油。

`4` 攪拌 5 分鐘至成團。

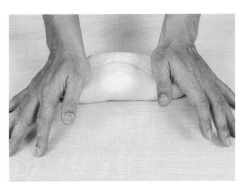

`5` 左右揉壓成長方形。

`6` 靜置發酵 30 分鐘。

7 蔥花加入小蘇打粉拌勻，備用。

8 將發酵好麵團取出，擀至厚度約 0.5 公分。

9 撒上鹽、五香粉、椒鹽粉。

10 再均勻抹上豬油。

11 撒上蔥花、火腿末。

12 上下三折。

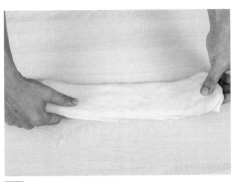

13 壓緊實,拉長。

14 切成 0.8 ～ 1 公分寬的細條狀。

15 取約 120 公克細條,稍微拉長。

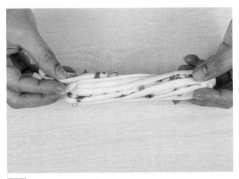

16 轉成螺旋狀。

17 繞圈捲起成花捲。

18 靜置發酵 25 分鐘,放入蒸籠,
大火蒸 12 分鐘。

蔥烤饅頭

🍚 份量：6～7 顆　　🧤 上下火180℃

<table>
<tr><td rowspan="9">材料（公克）</td><td colspan="2">麵團 / 每顆約150～180公克</td><td colspan="2">內餡②</td></tr>
<tr><td>老麵</td><td>90</td><td>蔥花</td><td>200</td></tr>
<tr><td>中筋麵粉</td><td>400</td><td>火腿末</td><td>25</td></tr>
<tr><td>低筋麵粉</td><td>100</td><td colspan="2"></td></tr>
<tr><td>細砂糖</td><td>40</td><td colspan="2">裝飾</td></tr>
<tr><td>即溶酵母</td><td>4</td><td>生白芝麻</td><td>適量</td></tr>
<tr><td>常溫水</td><td>260</td><td>蛋黃（打散成蛋黃液）</td><td>2 顆</td></tr>
<tr><td>豬油</td><td>10</td><td>（也可用 1 顆全蛋，烤出
來顏色稍淡）</td><td></td></tr>
</table>

內餡①

豬中油	25
鹽	3
味精	4
白胡椒粉	1
黑胡椒粒	2
香油	20

麵團

1 常溫水加入細砂糖、即溶酵母。

2 攪拌均勻。

3 再加入中筋麵粉、低筋麵粉。

4 加入撕小塊老麵、豬油。

5 攪拌 5 分鐘至成團,左右揉壓成長方形。

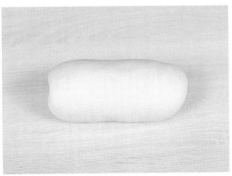

6 醒麵鬆弛 5 分鐘。

7 內餡①混合拌勻。

8 再加入內餡②的蔥花,稍微攪拌均勻。

9 取出麵團,擀成約1公分厚的麵片。

10 在中間均勻放上蔥花餡,再撒上火腿末。

11 先往上折起第一折。

12 再撒上一次蔥花餡與火腿末。

13 再折起，成三折。

14 分切成約長寬 5×12 公分。

15 每顆約 150 ～ 180 公克。

16 刷上蛋黃液。

17 撒上生白芝麻。

18 放在烤盤上，靜置 10 分鐘醒發，
放入烤箱，上下火 180℃，烤
16 分鐘。

PART 4

甜 品

甜蜜的滋味縈繞心頭,一道道精緻的甜品
不但甜在口中,也甜在心頭
傳承技法的製作
讓每一道甜品都能完美呈現

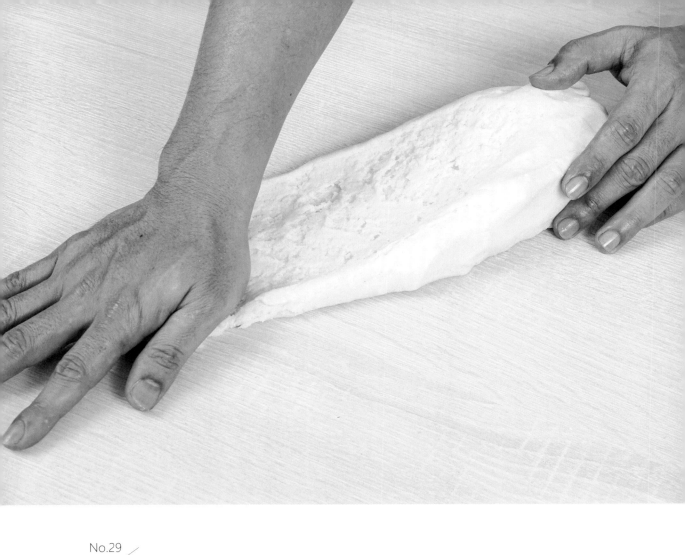

Q嫩麻糬皮

🍚 份量：約 650 公克

材料（公克）		
	糯米粉	200
	細砂糖	50
	沙拉油	50
	太白粉	50
	澄粉	50
	熱水	100
	冷水	150

作法

1 太白粉、澄粉混合拌勻。

2 沖入熱水，攪拌均勻。

3 加入糯米粉、細砂糖、沙拉油
混合拌勻，加入冷水。

4 拌勻後，用手揉勻。

5 完成的粉團需要包上保鮮膜，
以防止水分流失。

6 完成的半成品粉團（可用來製作
芝麻球皮、湯圓皮、麻糬皮）。

冰糖桂花心太軟

🥣 份量：約 70 顆

糯米芯 / 每個約 8 公克

紅棗	70 顆
糯米粉	200
水	360

冰糖桂花蜜

冰糖	480
水	400
乾桂花	10

裝飾

乾桂花	適量

糯米芯

1 糯米粉加水。

2 攪拌均勻成糯米芯。

3 紅棗洗淨，泡溫水 30 分鐘。

4 去籽，剪開一邊。

5 取一顆紅棗塞入糯米芯每個約 8 公克。

6 整理一下形狀，做成心太軟。

冰糖桂花蜜

7 將心太軟放入滾水中，轉中火，
煮2分鐘撈出放入碗中，備用。

8 冰糖加水，熬煮至水量剩下
2/3，約580公克。

9 加入乾桂花，繼續煮至糖水呈
現金黃色，熄火。

組合

10 將心太軟淋上冰糖桂花蜜。

11 放入蒸籠，大火蒸3分鐘。

12 取出後，再加入少許乾桂花裝
飾即完成。

No.31

傳統芝麻餡

🥣 份量：約 200 公克

🍥 保存期限：冷凍 3 個月、冷藏半個月

材料（公克）		
	黑芝麻粉	100
	糖粉	25
	吉士粉	10
	白油	40
	豬中油	40

1 熱鍋，放入黑芝麻粉炒香。

2 取出放涼。

3 加入糖粉、吉士粉攪拌均勻。

4 再加入白油、豬中油。

5 壓拌成團。

6 完成芝麻餡。

酒釀桂花湯圓

🍚 份量：5 碗

材料（公克）		
Q 嫩麻糬皮	200
傳統芝麻餡	120
甜酒釀	50
雞蛋（打散成蛋液）	1 顆
枸杞	少許
桂花	少許
水	800
玉米粉水	35
（玉米粉 15 公克 ＋ 水 25 公克混合拌勻）	
乾桂花	適量

▼ 聖天老師小叮嚀

1. 此煮法為最傳統的長沙料理煮法，目的在於使湯圓不易破皮又有 Q 彈口感。
   食用時也可以在碗裡加少許細砂糖增加甜味，但其實保留只有湯圓的甜度
   在，吃起來會更不膩口。

1 麻糬皮分割每個 20 公克,備用。

2 芝麻餡分割每個 12 公克,備用。

3 取出一個分割好麻糬皮,用手掌壓平。

4 包入芝麻餡。

5 包好滾圓成芝麻湯圓。

6 取一深鍋,加入水,煮至鍋邊開始起泡,放入湯圓。

7 鍋鏟沿著底部輕輕攪拌，避免破皮。

8 水滾後 1 分鐘，再加入半碗水（約 100 c.c.），中小火煮開。

9 湯圓浮起後撈出放入碗中。

10 在水中加入甜酒釀、枸杞、桂花，煮滾，加入玉米粉水勾芡。

11 再次煮滾，熄火，加入蛋液以繞圈方式攪拌成蛋花。

12 將芝麻湯圓淋上芡汁，再撒上乾桂花裝飾即完成。

No.33

香酥芝麻球

● 份量：約 10 顆

材料（公克）		
Q 嫩麻糬皮	250
傳統芝麻餡	150
生白芝麻	50

1 麻糬皮分割每個 25 公克。

2 傳統芝麻餡分割每個 15 公克。

3 取一個分割好麻糬皮壓扁。

4 包入芝麻餡。

5 收口收緊。

6 搓成圓球狀。

7 將包好的芝麻麻糬球泡入水中20秒。

8 撈起後稍微瀝乾水分。

9 放入生白芝麻中，沾裹均勻。

10 輕輕用手壓緊實。

11 輕拍將多餘的白芝麻去除。

12 起一油鍋，約80℃，用漏勺盛起芝麻球泡入油中，小火慢慢加熱至浮起，再轉大火炸至金黃。

椰香麻糬

🍚 份量：約 10 顆

材料（公克）	Q 嫩麻糬皮	250
	市售烏豆沙餡	150
	椰子粉	100
	紅櫻桃（去籽切片）	2 顆

1 麻糬皮分割每個 25 公克。

2 烏豆沙餡分割每個 15 公克。

3 取出一個分割好麻糬皮,用手掌壓平。

4 包入烏豆沙餡。

5 收口收緊,搓成圓球狀。

6 將包好豆沙麻糬,放入水中,浸泡約 20 秒。

7 取出，稍微瀝乾水分。

8 放入椰子粉中，讓表面沾裹上椰子粉。

9 再將椰香麻糬整形成圓球狀。

10 使用筷子，壓出一個凹洞。

11 放入切片櫻桃。

12 放入蒸籠，大火蒸 5 分鐘。

枸杞桂花凍

● 份量：約 36 塊

● 模具：長寬 26.5×26.5×5 公分
　　　　的吐司烤盤

材料（公克）	冷開水	1550c.c.
	細砂糖	350
	吉利丁	70
	枸杞	20
	乾桂花	2

1 枸杞加 70℃ 熱水，淹過即可，
浸泡 15 分鐘。

2 細砂糖加吉利丁混合拌勻。

3 加入開水攪拌均勻。

4 加熱至水溫起微泡，熄火（溫度
85 ～ 90℃）。

5 加入乾桂花。

6 攪拌至茶色出現。

7 取吐司烤盤刷上一層薄薄的沙拉油。

8 將枸杞瀝乾,均勻鋪在吐司烤盤底部。

9 慢慢倒入桂花液。

10 放涼至 35℃ 以下,放入冷藏冰3 小時定型。

11 取出後,倒扣於砧板上。

12 切成每個約 4.5×4.5 公分大小,約 36 塊。

芝麻芋香卷

🥣 份量：70 條

材料（公克）

芋香餡

去皮芋頭（切塊）	600
椰漿	100
全脂奶粉	18
沙拉油	18
細砂糖	90
糯米粉	85
玉米粉	20

芋香捲

白吐司	半條
生白芝麻	150

麵糊 / 所有材料混合備用

中筋麵粉	80
水	120

▼ 聖天老師小叮嚀

1. 越鬆的芋頭使用的效果越不沾手，吃起來口感也會更綿密，例如使用甲仙檳榔心芋頭。

| 芋香餡 |

1 切好的芋頭塊，放入電鍋，外鍋 1 杯水蒸熟。

2 趁熱搗成泥狀。

3 趁熱加入細砂糖、全脂奶粉。

4 攪拌均勻。

5 再加入椰漿、沙拉油、糯米粉、玉米粉。

6 混合攪拌成團。

| 組合 |

7 吐司去邊。

8 放入蒸籠蒸 15 秒。

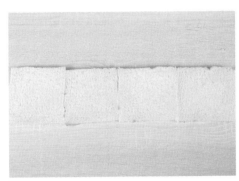

9 趁熱取出 4 片,橫向整齊鋪平。

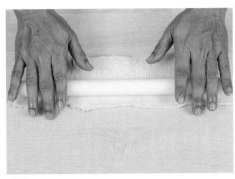

10 用擀麵棍將吐司前緣 1/3 部分擀平。

11 取 100 公克芋香餡,搓長。

12 搓成與吐司同寬的長條狀,放在吐司邊緣上。

13 間隔處，用刮板切開。

14 在吐司前緣約一指寬的地方，抹上麵糊。

15 往前捲起。

16 要捲緊實。

17 接合處黏起。

18 將一條切開成兩條，方便入口。

19 將芋香卷兩端沾上麵糊。

20 沾上生白芝麻。

21 起一油鍋,約80℃,使用漏勺盛起芋香卷,開小火放入油鍋中,浮起後炸至金黃色即完成。

拉絲仙豆糕

🍚 份量：約 20 顆

材料（公克）		
全蛋	115
低筋麵粉	200
糖粉	50
玉米粉	70
無鹽奶油（室溫融化）	70
芋香餡	400
乾酪絲	120

▼ 聖天老師小叮嚀

1. 內餡的變化可以很多元，儘量不以濕潤為主的內餡才不容易煎到爆開。

2. 煎好後的拉絲仙豆糕，在 5 分鐘內拉絲會達到最佳效果。

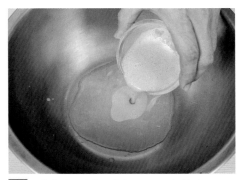

1 融化無鹽奶油加入蛋液拌勻。

2 加入過篩的低筋麵粉、糖粉、玉米粉。

3 攪拌均勻，成團。

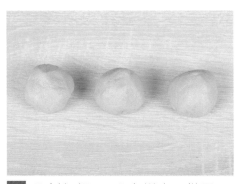

4 分割每個 25 公克餅皮，備用。

5 芋香餡分割每個 20 公克。

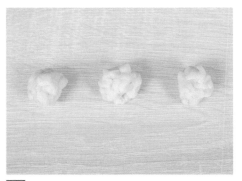

6 乾酪絲每份 6 公克，搓成圓型小球。

7 取一芋香餡用拇指輕壓出一個凹洞。

8 包入乾酪絲球，滾圓。

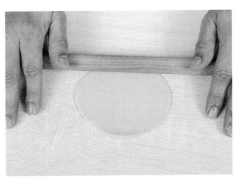

9 餅皮擀開成直徑 7 公分薄片。

10 包入餡料。

11 整形成正方形。

12 鍋中放入沙拉油，放入拉絲仙豆糕，小火煎至六面金黃。

椰汁雪花糕

🍚 份量：約 36 塊

🍚 模具：長寬 26.5×26.5×5 公分
　　　　的吐司烤盤

材料（公克）		
開水		600
細砂糖		188
吉利丁		45
牛奶		450
鮮奶油		112
椰漿		200
椰子粉（備用）		150

▼ 聖天老師小叮嚀

1. 冷藏可放置 7 天，建議冷藏需超過 3 天時，可以在底部跟最上層放上乾淨擦
手紙保持糕體乾燥，不因爲冷藏溫度而吸水，這樣更容易維持長時間保存。

1 細砂糖、吉利丁混合拌勻。

2 加入開水，攪拌均勻。

3 開小火，邊攪邊加熱。

4 加熱至 90 ～ 95℃，熄火，不要煮滾。

5 倒入牛奶、鮮奶油、椰漿，攪拌均勻。

6 模具刷上沙拉油（材料外）。

7 倒入模具中。

8 使用噴槍,將表面氣泡去掉。

9 待涼後放入冷藏 3 小時。

10 取出,先使用刮版將邊緣切開。

11 再切成長寬約 4.5×4.5 公分,約 36 塊。

12 滾上椰子粉,即完成。

甜栗子南瓜糕

🥣 份量：約 20 顆

材料（公克）		
	去皮栗子南瓜	300
	糯米粉	200
	細砂糖	35
	烏豆沙餡	300
	蜜紅豆	20 顆

1 南瓜蒸熟。

2 趁熱加入細砂糖、糯米粉。

3 攪拌均勻。

4 完成南瓜麵團。

5 南瓜麵團分割每個 26 公克。

6 烏豆沙餡分割每個 15 公克。

7 包入豆沙餡，收口收緊。

8 搓成圓球狀。

9 用刮板均勻在周圍壓出六條線。

10 使用筷子在頂部搓一個凹洞。

11 頂部放上一顆蜜紅豆做裝飾。

12 大火蒸 5 分鐘。

鹹栗子南瓜糕

🍚 **份量：約 20 顆**

材料（公克）

南瓜糕體 / 每個約 26 公克

去皮栗子南瓜	300
糯米粉	200
細砂糖	35
葡萄乾	20 顆

客家鹹餡 / 每個約 15 公克

菜脯米	20
芹菜末	10
香菇末	20
荸薺丁	70
五香豆干末	6 片
絞豬中油	40
絞肉	30
鹽	1
醬油	20
雞粉	4
白胡椒粉	2
香油	20

南瓜糕體

1 南瓜蒸熟。

2 趁熱加入細砂糖、糯米粉。

3 攪拌均勻。

4 完成南瓜麵團。

客家鹹餡

5 熱鍋放入香油、絞肉、絞豬中油炒香。

6 加入其餘所有食材。

| 組合 |

7 拌炒均勻,盛出,放涼備用。

8 取 26 公克南瓜麵團。

9 用手掌壓平,包入 15 公克客家鹹餡。

10 收口收緊,搓成圓球狀。

11 用刮板均勻在周圍壓出線條,再用筷子在頂部搓一個凹洞。

12 頂部放上一顆葡萄乾做裝飾,放入蒸籠,大火蒸 5 分鐘。

Cooking：12

國家圖書館出版品預行編目（CIP）資料

陳聖天（藍天老師）職人手作麵點 / 陳聖天著. --
一版 . -- 新北市：優品文化 , 2022.1；176 面；
19x26 公分 . --（Cooking；12）
ISBN 978-986-5481-18-6（平裝）

1. 食譜

427.1   110021174

作　　　者　　陳聖天（藍天老師）
總 編 輯　　薛永年
美 術 總 監　　馬慧琪
文 字 編 輯　　董書宜
美 術 編 輯　　黃頌哲
攝　　　影　　王隼人

出 版 者　　優品文化事業有限公司
　　　　　　　地址：新北市新莊區化成路 293 巷 32 號
　　　　　　　電話：(02) 8521-2523/ 傳真：(02) 8521-6206
　　　　　　　信箱：8521service@gmail.com
　　　　　　　（如有任何疑問請聯絡此信箱洽詢）

印　　　刷　　鴻嘉彩藝印刷股份有限公司

業 務 副 總　　林啟瑞 0988-558-575

總 經 銷　　大和書報圖書股份有限公司
　　　　　　　地址：新北市新莊區五工五路 2 號
　　　　　　　電話：(02) 8990-2588/ 傳真：(02) 2299-7900

網 路 書 店　　www.books.com.tw 博客來網路書店

出 版 日 期　　2022 年 1 月　一版一刷
　　　　　　　2024 年 3 月　一版二刷
定　　　價　　450 元

上優好書網　　FB 粉絲專頁　　LINE 官方帳號　　Youtube 頻道